essentials

essentials liefern aktuelles Wissen in konzentrierter Form. Die Essenz dessen, worauf es als „State-of-the-Art" in der gegenwärtigen Fachdiskussion oder in der Praxis ankommt. *essentials* informieren schnell, unkompliziert und verständlich

- als Einführung in ein aktuelles Thema aus Ihrem Fachgebiet
- als Einstieg in ein für Sie noch unbekanntes Themenfeld
- als Einblick, um zum Thema mitreden zu können

Die Bücher in elektronischer und gedruckter Form bringen das Expertenwissen von Springer-Fachautoren kompakt zur Darstellung. Sie sind besonders für die Nutzung als eBook auf Tablet-PCs, eBook-Readern und Smartphones geeignet. *essentials:* Wissensbausteine aus den Wirtschafts-, Sozial- und Geisteswissenschaften, aus Technik und Naturwissenschaften sowie aus Medizin, Psychologie und Gesundheitsberufen. Von renommierten Autoren aller Springer-Verlagsmarken.

Weitere Bände in der Reihe http://www.springer.com/series/13088

Reiner Thiele

Partielle Riccati-Differenzialgleichungen

Reiner Thiele
Fakultät Elektrotechnik und Informatik
Hochschule Zittau/Görlitz
Zittau, Deutschland

ISSN 2197-6708 ISSN 2197-6716 (electronic)
essentials
ISBN 978-3-658-24019-6 ISBN 978-3-658-24020-2 (eBook)
https://doi.org/10.1007/978-3-658-24020-2

Die Deutsche Nationalbibliothek verzeichnet diese Publikation in der Deutschen Nationalbibliografie; detaillierte bibliografische Daten sind im Internet über http://dnb.d-nb.de abrufbar.

Springer Vieweg

Springer Vieweg ist ein Imprint der eingetragenen Gesellschaft Springer Fachmedien Wiesbaden GmbH und ist ein Teil von Springer Nature
Die Anschrift der Gesellschaft ist: Abraham-Lincoln-Str. 46, 65189 Wiesbaden, Germany

Was Sie in diesem *essential* finden können

- Zerlegungsmethoden für partielle Riccati-Differenzialgleichungen
- Allgemeines Integral einer partiellen Riccati-Differenzialgleichung
- Singuläre Lösungen von partiellen Riccati-Differenzialgleichungen
- Applikationshinweise zu partiellen Riccati-Differenzialgleichungen

Vorwort

Im Zusammenhang mit der Messung elektrischer Ströme ohne Eingriff in den Stromkreis der Messgröße treten bei Applikation von Faraday-Effekt-Stromsensoren entsprechend der weiterführenden Literatur nichtlineare Differenzialgleichungen (DGL) auf. Hierbei handelt es sich um partielle Riccati-Differenzialgleichungen.

Ihre Lösungen sind häufig durch einen streng linearen Zusammenhang zwischen Messgröße und Messwert des Stromsensors gekennzeichnet.

Die zugehörigen Beweise führen wir im vorliegenden *essential* durch Anwendung neuartiger Lösungsmethoden für partielle Riccati-Differenzialgleichungen.

Reiner Thiele

Inhaltsverzeichnis

Einleitung

1

Partielle Riccati-DGL sind Differenzialgleichungen erster Ordnung mit einer partiellen Ableitung bezüglich der Zeit t. Die andere unabhängige Variable ist hier die Größe üi eines Faraday-Effekt-Stromsensors mit dem konstanten Übersetzungsverhältnis ü zwischen dem elektrischen Strom i (i Messgröße) und dem Messwert $i_0(\ddot{u}\,i, t)$, ebenfalls ein elektrischer Strom.

Charakteristisch für Riccati-DGL sind neben der ersten Ableitung quadratische Terme, wie z. B. in (Gl. 1.1 und 1.2) gezeigt.

- Partielle Typ1-Riccati-DGL

$$T\frac{\partial\, i_0}{\partial\, t} = K\left(\ddot{u}\,i - i_0\right)^2 \tag{1.1}$$

- Partielle Typ2-Riccati-DGL

$$T\frac{\partial\, i_0}{\partial\, t} + i_0 = K\left(\ddot{u}\,i - i_0\right)^2 \tag{1.2}$$

Es bedeuten

T Zeitkonstante
K gerätespezifische Konstante

Diese partiellen Riccati-Differenzialgleichungen werden nun nacheinander gelöst.

Eine neue Zerlegungsmethode dieser nichtlinearen DGL in ein lineares Gleichungssystem bildet erfindungsgemäß den Ausgangspunkt zur Ermittlung des jeweiligen allgemeinen Integrals der Riccati-DGL. Anschließend werden ihre singulären Lösungen durch nochmaliges Differenzieren bezüglich der Zeit t ermittelt. Die Proben nach den Abschn. 2.5 und 3.5 zeigen, dass die gefundenen

R. Thiele, *Partielle Riccati-Differenzialgleichungen*, essentials,
https://doi.org/10.1007/978-3-658-24020-2_1

Lösungen die partiellen Riccati-Differenzialgleichungen nach (Gl. 1.1 und 1.2) erfüllen. Abschließend erfolgt in den Abschn. 2.6 und 3.6 die Betrachtung von zahlreichen Beispielen für Messgrößen sowie Mess- und Anfangswerte.

Abb. 1.1 zeigt als Beispiel einen Faraday-Effekt-Stromsensor, entsprechend (Gl. 1.1) zur Funktionsbeschreibung, mit Verschiebungsflussdichte-Vektoren für Licht als elektromagnetische Welle an verschiedenen Schaltungspunkten. In Abb. 1.2 ist ein Stromsensor gezeigt, für den die Funktion durch (Gl. 1.2) festgelegt ist

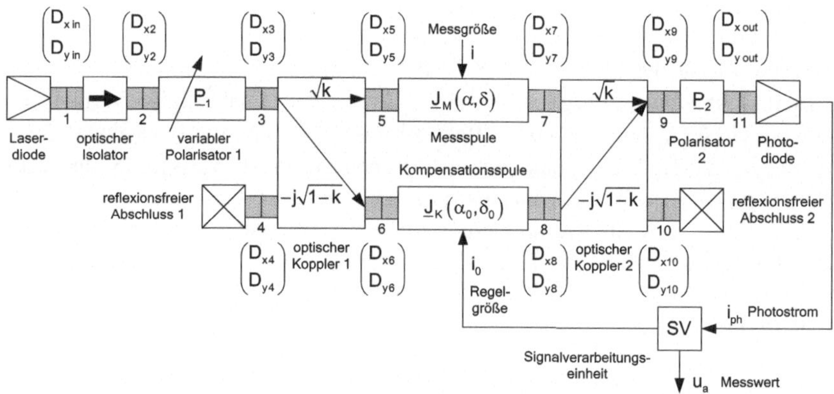

Abb. 1.1 Blockschaltbild eines transmittierenden Faraday-Effekt-Stromsensors mit einer Signalverarbeitungseinheit SV entsprechend der partiellen Typ1-Riccati-DGL

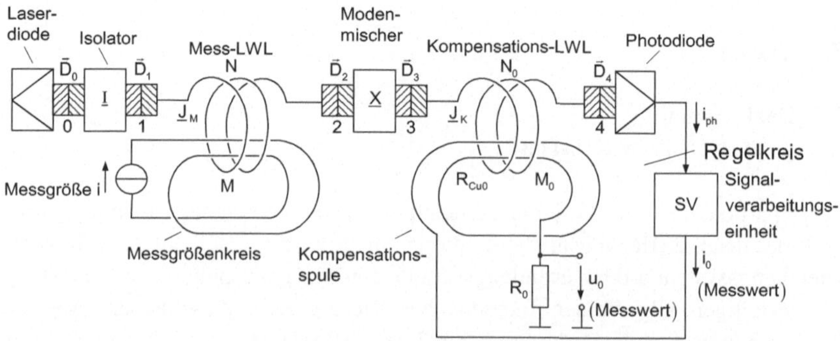

Abb. 1.2 Effizienter Faraday-Effekt-Stromsensor mit Modenmischer und Regelkreis sowie einer Signalverarbeitungseinheit SV entsprechend der Typ2-Riccati-DGL

Partielle Typ1-Riccati-DGL **2**

In diesem Kapitel wird die partielle Typ1-Riccati-Differenzialgleichung nach (Gl. 1.1) gelöst. Es zeigt sich, dass sich ein streng linearer Zusammenhang zwischen Messgröße und Messwert als Lösung der DGL ergibt. Die Applikation der Lösung dieser DGL findet man entsprechend der weiterführenden Literatur bei Faraday-Effekt-Stromsensoren.

2.1 Zerlegung der DGL

Zunächst erweitert man die DGL um den Eigenwert λ. Danach erfolgt die Zerlegung der DGL in ein lineares Gleichungssystem.

- λ – Erweiterung

$$\mathrm{T}\frac{\partial\, \mathrm{i}_0}{\partial\, \mathrm{t}} = \frac{\lambda}{\lambda}\mathrm{K}\left(\ddot{\mathrm{u}}\,\mathrm{i} - \mathrm{i}_0\right)^2 \tag{2.1}$$

- Zerlegung

$$\mathrm{T}\frac{\partial\, \mathrm{i}_0}{\partial\, \mathrm{t}} = \lambda\left(\ddot{\mathrm{u}}\,\mathrm{i} - \mathrm{i}_0\right) \tag{2.2}$$

$$\mathrm{i}_0 = \ddot{\mathrm{u}}\,\mathrm{i} - \frac{\lambda}{\mathrm{K}} \tag{2.3}$$

R. Thiele, *Partielle Riccati-Differentialgleichungen,* essentials,
https://doi.org/10.1007/978-3-658-24020-2_2

(Gl. 2.2) stellt eine lineare partielle Differenzialgleichung erster Ordnung dar. (Gl. 2.3) ist eine lineare algebraische Gleichung. Sie entspricht der Lösung der partiellen Typ1-Riccati-Differenzialgleichung bei bekanntem Eigenwert λ.

2.2 Lösungsansatz

Zur Elimination der Störfunktion üi differenzieren wir (Gl. 2.3) partiell nach λ und erhalten den Lösungsansatz

$$\frac{\partial\, i_0}{\partial\, \lambda} = -\frac{1}{K} \tag{2.4}$$

2.3 Allgemeines Integral

Differenzieren der (Gl. 2.2) bezüglich λ ergibt

$$T\frac{\partial^2\, i_0}{\partial\, t\, \partial\, \lambda} = \underbrace{\ddot{u}\, i - i_0}_{=\lambda/K} - \underbrace{\lambda\frac{\partial\, i_0}{\partial\, \lambda}}_{=-\lambda/K} \tag{2.5}$$

Nach den Umformungen

$$T\frac{\partial}{\partial\, t}\underbrace{\left(\frac{\partial\, i_0}{\partial\, \lambda}\right)}_{=-1/K} = \frac{2\,\lambda}{K} \tag{2.6}$$

$$\underbrace{T\frac{\partial}{\partial\, t}\left(-\frac{1}{K}\right)}_{=0} = \frac{2\,\lambda}{K} \tag{2.7}$$

erhält man den Eigenwert

$$\lambda = 0 \tag{2.8}$$

Aus (Gl. 2.3) folgt dann mit (Gl. 2.8) das allgemeine Integral

$$i_0(\tau) = \ddot{u}\; i(\tau) \tag{2.9}$$

In (Gl. 2.9) stellt τ die Zeitvariable der Messgröße i dar, und damit hängt auch der Messwert i_0 im Allgemeinen von τ ab. Da aber τ die einzige unabhängige Variable in (Gl. 2.9) darstellt, ist die Substitution $\tau \rightarrow t$ zulässig. Daher ergibt sich endgültig als Lösung der Typ1-Riccati-DGL

$$i_0(t) = \ddot{u}\, i(t) \tag{2.10}$$

In (Gl. 2.10) bezeichnet t gewissermaßen die Zeitvariable des Messwertes i_0.

Beweis zum allgemeinen Integral

- Rücksubstitution $t \rightarrow \tau$

$$\frac{\partial\, i_0(\tau)}{\partial\, t} = 0 \tag{2.11}$$

- Integration von (Gl. 2.11):

$$\underbrace{\int \partial\, i_0}_{=\, i_0} = \underbrace{\int 0\, \partial\, t}_{=0} + f(\ddot{u}\ i) \tag{2.12}$$

mit $f(\ddot{u}\ i)$ als Funktion von ü i.

- Allgemeines Integral durch Vergleich von (Gl. 2.11) mit (Gl. 2.9):

$$i_0 = f(\ddot{u}\ i) = \ddot{u}\ i \qquad \text{q.e.d.} \tag{2.13}$$

2.4 Singuläre Lösung

Nochmaliges Differenzieren von (Gl. 1.1) bezüglich t ergibt

$$T \frac{\partial^2\, i_0}{\partial\, t^2} + 2K(\ddot{u}\ i - i_0) \frac{\partial\, i_0}{\partial\, t} = 0 \tag{2.14}$$

$$\underbrace{T \frac{\partial}{\partial\, t} \underbrace{\left(\frac{\partial\, i_0}{\partial\, i_0} \right)}_{=1}}_{=0} + 2K(\ddot{u}\ i - i_0) = 0 \tag{2.15}$$

$$2K[\ddot{u}\ i(\tau) - i_0(\tau)] = 0 \tag{2.16}$$

Mit der Substitution $t \to \tau$ erhält man die singuläre Lösung der partiellen Typ1-Riccati-DGL

$$i_0(t) = ü\ i(t) \tag{2.17}$$

Ein Vergleich von (Gl. 2.17) mit (Gl. 2.10) zeigt die Übereinstimmung von allgemeinem Integral und singulärer Lösung nach der Rücksubstitution $t \to \tau$

2.5 Probe

Mit der Rücksubstitution $t \to \tau$ folgt

$$\frac{\partial^2\, i_0(\tau)}{\partial\, t^2} = 0 \tag{2.18}$$

$$\frac{\partial\, i_0(\tau)}{\partial\, t} = 0 \tag{2.19}$$

Einsetzen von (Gl. 2.18 und 2.19) in (Gl. 2.14) ergibt

$$T\underbrace{\frac{\partial^2\, i_0}{\partial\, t^2}}_{=0} + 2K\underbrace{(ü\ i - i_0)}_{=0}\underbrace{\frac{\partial\, i_0}{\partial\, t}}_{=0} = 0 \tag{2.20}$$

$$0 = 0\ (\text{wahr}) \tag{2.21}$$

2.6 Beispiele

Beim Entwurf von Faraday-Effekt-Stromsensoren, entsprechend der weiterführenden Literatur, interessieren neben den praxisrelevanten Messgrößen vor allem die Messwerte mit ihren Anfangswerten zu Beginn der Messung.

Beispiel 1

- Messgröße:

$$i(t) = \hat{I}\sin(\omega t) \tag{2.22}$$

- Messwert:

$$\mathrm{i_0(t) = ü\ \hat{I}sin(\omega t)} \tag{2.23}$$

- Anfangswert:

$$\mathrm{i_0(0) = 0} \tag{2.24}$$

mit $\hat{\mathrm{I}}$ Amplitude
ω Kreisfrequenz.

Beispiel 2

- Messgröße:

$$\mathrm{i(t) = \hat{I}sin(\omega t + \varphi_i)} \tag{2.25}$$

- Messwert:

$$i_0(t) = \text{ü}\ \hat{I}\sin(\omega t + \varphi_i) \tag{2.26}$$

- Anfangswert:

$$i_0(0) = \text{ü}\ \hat{I}\sin\varphi_i \tag{2.27}$$

mit φ_i Nullphase.

Beispiel 3

- Messgröße:

$$\mathrm{i(t) = I = const.} \tag{2.28}$$

- Messwert:

$$\mathrm{i_0(t) = ü\ I = const.} \tag{2.29}$$

- Anfangswert:

$$i_0(0) = \ddot{u}\ I \tag{2.30}$$

mit I Gleichstrom.

Beispiel 4

- Messgröße:

$$i(t) = a_0 + \sum_{k=1}^{10} [a_k \cos(k\omega t) + b_k \sin(k\omega t)] \tag{2.31}$$

- Messwert:

$$i_0(t) = \ddot{u} \left\{ a_0 + \sum_{k=1}^{10} [a_k \cos(k\omega t) + b_k \sin(k\omega t)] \right\} \tag{2.32}$$

- Anfangswert:

$$i_0(0) = \ddot{u} \sum_{k=0}^{10} a_k \tag{2.33}$$

mit a_0 , a_k , b_k Fourier-Koeffizienten.

Beispiel 5

- Messgröße:

$$i(t) = I_0\, e^{-(t^2/2\sigma^2)} \tag{2.34}$$

(Gauß-Impuls)

- Messwert:

$$i_0(t) = ü\ I_0\ e^{-\left(t^2/2\sigma^2\right)} \tag{2.35}$$

- Anfangswert:

$$i_0(0) = ü\ I_0 \tag{2.36}$$

mit I_0, σ Maximalwert, Standardabweichung des Gauß-Impulses.

Beispiel 6

- Messgröße:

$$i(t) = \frac{I_0}{1 + t^2/\tau_0^2} \tag{2.37}$$

  (Lorentz-Impuls)
- Messwert:

$$i_0(t) = \frac{ü\ I_0}{1 + t^2/\tau_0^2} \tag{2.38}$$

- Anfangswert:

$$i_0(0) = ü\ I_0 \tag{2.39}$$

mit I_0, τ_0 Maximalwert, Zeitdauer des Lorentz-Impulses

Beispiel 7

- Messgröße:

$$i(t) = I_0\ e^{-|t/\tau_0|} \tag{2.40}$$

  (Exponential-Impuls)

- Messwert:

$$i_0(t) = ü\ I_0\, e^{-|t/\tau_0|} \tag{2.41}$$

- Anfangswert:

$$i_0(0) = ü\ I_0 \tag{2.42}$$

mit I_0, τ_0 Maximalwert, Zeitdauer des Exponential-Impulses

Beispiel 8

- Messgröße:

$$i(t) = I_0\ \delta(t) \tag{2.43}$$

  (Nadel-Impuls)
- Messwert:

$$i_0(t) = ü\ I_0\, \delta(t) \tag{2.44}$$

- Anfangswert:

$$i_0(0) = ü\ I_0 \tag{2.45}$$

mit I_0 Höhe des Nadel-Impulses und

$$\delta(t) = \begin{cases} 1 & t = 0 \\ 0 & t \neq 0 \end{cases} \tag{2.46}$$

(Einheits-Impuls)

Partielle Typ2-Riccati-DGL

3

In diesem Kapitel wird die partielle Typ2-Riccati-DGL gelöst. Hier finden Sie den Beweis dafür, dass der lineare Zusammenhang zwischen Messwert und Messgröße auch dann erhalten bleibt, wenn der Operationsverstärker in effizienten Faraday- Effekt- Stromsensoren, entsprechend der weiterführenden Literatur, einen dominanten Pol in seiner gebrochenen rationalen Systemfunktion besitzt.

3.1 Zerlegung der DGL

Nach der λ-Erweiterung der partiellen Typ2-Riccati-DGL erfolgt wieder die Zerlegung der DGL in ein lineares Gleichungssystem, bestehend aus einer linearen partiellen Differenzialgleichung und einer linearen algebraischen Gleichung.

- λ – Erweiterung

$$\mathrm{T}\frac{\partial\, \mathrm{i}_0}{\partial\, \mathrm{t}} + \mathrm{i}_0 = \frac{\lambda}{\lambda}\mathrm{K}\left(\ddot{\mathrm{u}}\ \mathrm{i} - \mathrm{i}_0\right)^2 \tag{3.1}$$

- Zerlegung

$$\mathrm{T}\frac{\partial\, \mathrm{i}_0}{\partial\, \mathrm{t}} + \mathrm{i}_0 = \lambda\left(\ddot{\mathrm{u}}\ \mathrm{i} - \mathrm{i}_0\right) \tag{3.2}$$

$$\mathrm{i}_0 = \ddot{\mathrm{u}}\ \mathrm{i} - \frac{\lambda}{\mathrm{K}} \tag{3.3}$$

R. Thiele, *Partielle Riccati-Differenzialgleichungen*, essentials,
https://doi.org/10.1007/978-3-658-24020-2_3

3.2 Lösungsansatz

Aus (Gl. 3.3) folgt

$$\frac{\partial\, i_0}{\partial\, \lambda} = -\frac{1}{K} \tag{3.4}$$

als Lösungsansatz zur Elimination der Störfunktion ü $i(\tau)$.

3.3 Allgemeines Integral

Differenzieren von (Gl. 3.2) ergibt

$$\underbrace{T\frac{\partial}{\partial\, t}\underbrace{\left(\frac{\partial\, i_0}{\partial\, \lambda}\right)}_{=-1/K}}_{=0} + \underbrace{\frac{\partial\, i_0}{\partial\, \lambda}}_{=-1/K} = \underbrace{ü\ i - i_0}_{=\lambda/K} - \lambda\underbrace{\frac{\partial\, i_0}{\partial\, \lambda}}_{=-\lambda/K} \tag{3.5}$$

Die Bestimmungsgleichung

$$-1 = 2\lambda \tag{3.6}$$

liefert den Eigenwert

$$\lambda = -\frac{1}{2} \tag{3.7}$$

Das allgemeine Integral folgt aus (Gl. 3.3) durch Einsetzen von λ nach (Gl. 3.7):

$$i_0(\tau) = ü\ i(\tau) + \frac{1}{2K} \tag{3.8}$$

Mit der Substitution $\tau \to t$ erhalten wir schließlich

$$i_0(t) = ü\ i(t) + \frac{1}{2K} \tag{3.9}$$

3.4 Singuläre Lösung

Durch nochmaliges Differenzieren der Typ2-Riccati-DGL entsprechend

$$T\frac{\partial^2\, i_0}{\partial\, t^2} + \left[1 + 2K(ü\ i - i_0)\right]\frac{\partial\, i_0}{\partial\, t} = 0 \tag{3.10}$$

und Umformung

$$\underbrace{T\frac{\partial}{\partial\,t}\underbrace{\left(\frac{\partial\,i_0}{\partial\,i_0}\right)}_{=1}}_{=0}+1+2K\big(\ddot{u}\;i-i_0\big)=0 \tag{3.11}$$

erhält man die Bestimmungsgleichung

$$1+2K\big[\ddot{u}\;i(\tau)-i_0(\tau)\big]=0 \tag{3.12}$$

für die singuläre Lösung.

Mit der Substitution $\tau \rightarrow t$ ergibt sich hier die singuläre Lösung der Typ2-Riccati-DGL

$$i_0(t)=\ddot{u}\;i(t)+\frac{1}{2K} \tag{3.13}$$

Durch Vergleich von (Gl. 3.9) mit (Gl. 3.13) erkennt man die Übereinstimmung des allgemeinen Integrals mit der singulären Lösung.

3.5 Probe

Durch Einsetzen von

$$\frac{\partial^2\,i_0(\tau)}{\partial\,t^2}=0 \tag{3.14}$$

und

$$\frac{\partial\,i_0(\tau)}{\partial\,t}=0 \tag{3.15}$$

in (Gl. 3.10) ergibt sich

$$T\underbrace{\frac{\partial^2\,i_0}{\partial\,t^2}}_{=0}+\underbrace{\big[1+2K\big(\ddot{u}\;i-i_0\big)\big]}_{=0}\underbrace{\frac{\partial\,i_0}{\partial\,t}}_{=0}=0 \tag{3.16}$$

$$0=0\;(\text{wahr}) \tag{3.17}$$

Beweis zum allgemeinen Integral

Aus (Gl. 3.15) folgt

$$\underbrace{\int \partial\, i_0}_{=\, i_0} = \underbrace{\int 0\, \partial\, t}_{=0} + f\left(\ddot{u}\ i\right) \tag{3.18}$$

Durch Vergleich von (Gl 3.13) mit (Gl. 3.18) erhält man bei Rücksubstitution $t \rightarrow \tau$ das allgemeine Integral

$$i_0 = f\left(\ddot{u}\ i\right) = \ddot{u}\ i + \frac{1}{2K} \qquad \text{q.e.d.} \tag{3.19}$$

3.6 Beispiele

Beispiel 1

- Messgröße:

$$i(t) = \hat{I} \sin(\omega t) \tag{3.20}$$

- Messwert:

$$i_0(t) = \ddot{u}\ \hat{I} \sin(\omega t) + \frac{1}{2K} \tag{3.21}$$

- Anfangswert:

$$i_0(0) = \frac{1}{2K} \tag{3.22}$$

Der Anfangswert ist hier identisch mit dem Offset 1/2K.

Beispiel 2

- Messgröße:

$$i(t) = \hat{I}\sin(\omega t + \varphi_i) \tag{3.23}$$

- Messwert:

$$i_0(t) = ü\,\hat{I}\sin(\omega t + \varphi_i) + \frac{1}{2K} \tag{3.24}$$

- Anfangswert:

$$i_0(0) = ü\,\hat{I}\sin\varphi_i + \frac{1}{2K} \tag{3.25}$$

Beispiel 3

- Messgröße:

$$i(t) = I = \text{const.} \tag{3.26}$$

- Messwert:

$$i_0(t) = ü\,I + \frac{1}{2K} = \text{const.} \tag{3.27}$$

- Anfangswert:

$$i_0(0) = ü\,I + \frac{1}{2K} \tag{3.28}$$

Der störende Offset 1/2K lässt sich, außerhalb des Regelkreises im Faraday-Effekt-Stromsensor, mit einem Potenziometer leicht beseitigen.

4 Zusammenfassung

Das vorgelegte *essential* beschreibt das Lösungsverhalten partieller Riccati-Differenzialgleichungen (DGL).

Dabei findet eine neue Zerlegungsmethode für nichtlineare DGL in lineare Gleichungssysteme Verwendung. Die Lösung der Gleichungssysteme erfolgt im Wesentlichen durch die Ermittlung der Eigenwerte. Es zeigt sich, dass das allgemeine Integral der partiellen Riccati-DGL nach (Gl. 1.1 oder 1.2) identisch ist mit der singulären Lösung, die sich direkt aus der DGL gewinnen lässt.

Die Applikation dieser Ergebnisse findet man entsprechend der weiterführenden Literatur bei Faraday-Effekt-Stromsensoren mit einer streng linearen Beziehung zwischen Messgröße und Messwert.

Im Zusammenwirken einer ersten Idee, der Kreation eines „optischen" Transformators einerseits und der zweiten Idee, der Verwendung von partiell „optischen" Regelkreisen andererseits, wurde die zielführende Zusammenschaltung der optischen und elektronischen Komponenten zu Faraday-Effekt-Stromsensoren durch den Autor erfunden. Die vorliegenden früheren *essential* beinhalten das vollständige Design dieser Stromsensoren mit Beweisen dafür, dass sie die gewünschten Eigenschaften besitzen.

Auf der Grundlage der Erfindungen vom November 2010 und August 2011 mit der Bezeichnung: „Verfahren und Schaltungsanordnung eines faseroptischen Stromsensors zur Messung elektrischer Ströme mit automatischer Kompensation der Doppelbrechung und streng linearer Beziehung zwischen Messwerten und Messgröße" wurde ein Stromsensor, basierend auf dem Faraday-Effekt zur Polarisations-Ebenen- Drehung linear polarisierten Lichtes in Lichtwellenleitern (LWL) mit Spulen als Sensorelemente und einer elektronischen Schaltungsanordnung zur Signalverarbeitung theoretisch untersucht und praktisch aufgebaut.

R. Thiele, *Partielle Riccati-Differenzialgleichungen,* essentials,
https://doi.org/10.1007/978-3-658-24020-2_4

Die nachfolgenden Abb. 4.1, 4.2, 4.3 zeigen den Versuchsaufbau. Ein Patent auf diesen Stromsensor wurde erteilt.

Erfindungsgemäß ist der Stromsensor in der Lage, sowohl Gleich- als auch Wechselströme in Abhängigkeit von seiner Dimensionierung zu messen, und könnte in der Galvanik oder Elektroenergieversorgung umweltschonend eingesetzt werden. Die Doppelbrechung realer Lichtwellenleiter, die vermindernd auf die Effizienz des Faraday-Effektes wirkt, wird aufgrund des erfindungsgemäßen Konstruktionsprinzips aus der linearen Beziehung zwischen Messwerten und Messgröße eliminiert.

Der Faraday-Effekt konnte in den Sensorelementen, bestehend aus Lichtwellenleiter- und elektromagnetischen Spulen, mit einer genügend großen Effizienz nachgewiesen werden, und die Signalverarbeitungseinheiten funktionierten wunschgemäß.

Explizit sei angegeben, dass die hier vorgestellten Lösungen der partiellen Riccati-Differenzialgleichungen möglicherweise nicht die Einzigen sind. Deshalb

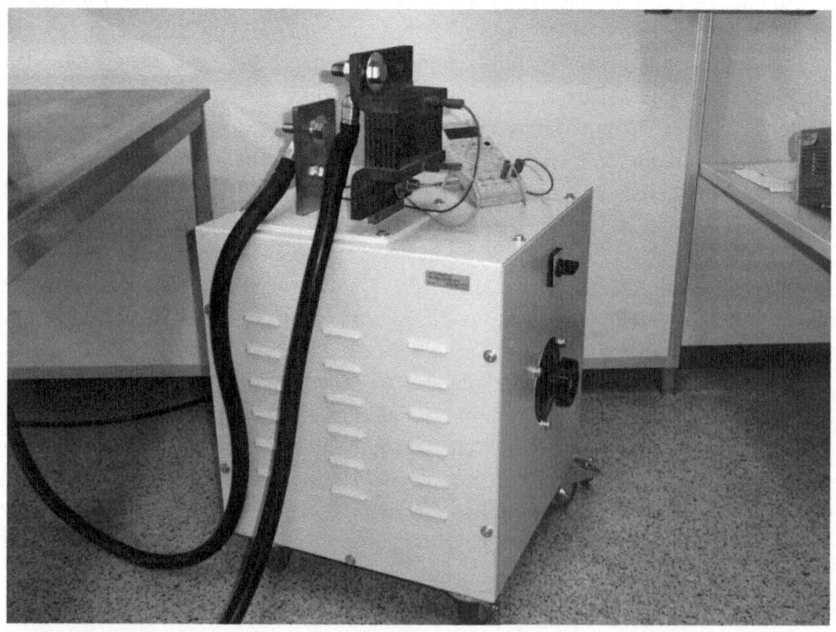

Abb. 4.1 Hochstrom-Transformator zur Erzeugung der Messgröße. (Foto Pohl)

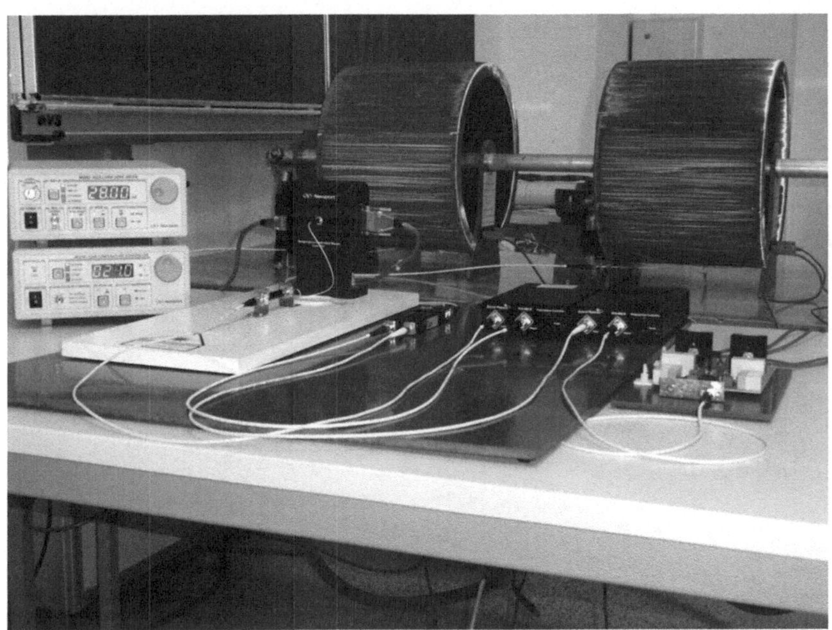

Abb. 4.2 Reflektierender Faraday-Effekt-Stromsensor. (Foto Pohl)

erfolgte sinnvollerweise eine Beschränkung auf die Lösungen, die in Faraday-Effekt-Stromsensoren appliziert wurden. So folgt aus (Gl. 3.2 mit 3.7), dass auch

$$\mathrm{i}_0(\tau) = \mathrm{f}\left[\ddot{\mathrm{u}}\ \mathrm{i}(\tau)\right] = -\ddot{\mathrm{u}}\ \mathrm{i}(\tau) \tag{4.1}$$

ein allgemeines Integral der partiellen Typ2-Riccati-DGL und gleichzeitig eine singuläre Lösung der linearen partiellen DGL entsprechend (Gl. 3.2) darstellt. Die Singularität dieser Lösung erkennt man durch Einsetzen von (Gl. 4.1 in 3.2). Beide Lösungen nach (Gl. 3.8 und 4.1) erfüllen zusammen die λ-erweiterte partielle Typ2-Riccati-DGL, gegeben durch (Gl. 3.1).

Mit den hier vorgelegten *essential* zu partiellen Riccati-Differenzialgleichungen findet das Forschungsthema „*Faraday-Effekt-Stromsensoren*" mit folgenden Ergebnissen seinen Abschluss:

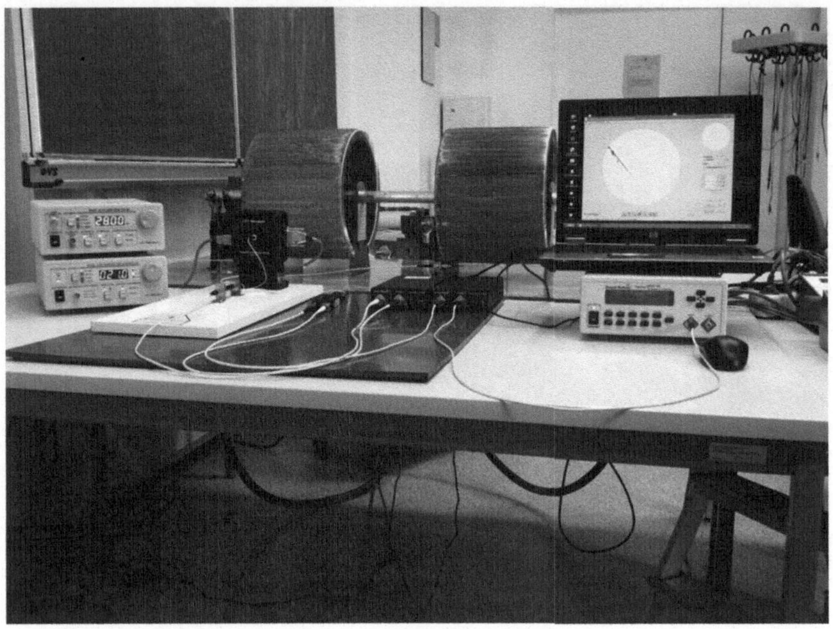

Abb. 4.3 Optischer Teil des Stromsensors mit Polarisations-Messgerät. (Foto Pohl)

1. Zahlreiche Erfindungen und Patente zu transmittierenden, reflektierenden und effizienten Faraday-Effekt-Stromsensoren sowie einem Stromsensor mit zirkularem Polarisator und Regelkreis,
2. Erfindungen zur Messung hoher elektrischer Ströme ohne Eingriff in den Messgrößenkreis bei beliebigem zeitlichen Verlauf der Messgröße, insbesondere zur potenzialgetrennten Messung von Gleich- und Wechselströmen,
3. Linearer Zusammenhang zwischen Messgröße und Messwert als Lösung partieller Riccati-Differenzialgleichungen oder als Wurzel spezieller quadratischer Gleichungen,
4. Messbarkeit vieler Unter- und Oberschwingungen im nichtsinusförmigen Stromverlauf gegenüber reinen 50 Hz-Vorgängen,
5. Neues mathematisches Verfahren zur Ermittlung der linearen Lösungen nichtlinearer partieller Riccati-Differenzialgleichungen.

Was Sie aus diesem *essential* mitnehmen können

- Einsicht in das Lösungsverhalten partieller Riccati-Differenzialgleichungen
- Zusammenhang zwischen allgemeinem Integral und singulärer Lösung
- Zerlegungsmethoden für nichtlineare Differenzialgleichungen
- Hinweise zur Applikation partieller Riccati-Differenzialgleichungen

R. Thiele, *Partielle Riccati-Differenzialgleichungen*, essentials,
https://doi.org/10.1007/978-3-658-24020-2

Weiterführende Literatur

Thiele, R. (1997). *Systemtheoretische Grundlagen der Lichtwellenleitertechnik.* Studienheft ITI 7. Private Fern- Fachhochschule Darmstadt.

Thiele, R. (1998). *Systemtheoretische Grundlagen der Lichtwellenleitertechnik.* Studienheft ITI 8. Private Fern-Fachhochschule Darmstadt.

Thiele, R. (2002). *Optische Nachrichtensysteme und Sensornetzwerke. Ein systemtheoretischer Zugang*. Braunschweig: Vieweg.

Thiele, R. (2007a). *Schaltungsanordnung zur Messung elektrischer Ströme in elektrischen Leitern mit Lichtwellenleitern.* Deutsches Patent- und Markenamt, Nr. 102005003200 (19.04.2007).

Thiele, R. (2007b). *Schaltungsanordnung zur Messung elektrischer Ströme in elektrischen Leitern mit Lichtwellenleitern.* Deutsches Patent- und Markenamt, Nr. 102006002301 (15.11.2007).

Thiele, R. (2008). *Optische Netzwerke. Ein feldtheoretischer Zugang*. Wiesbaden: Vieweg.

Thiele, R. (2015a). *Transmittierender Faraday-Effekt-Stromsensor*. Wiesbaden: Springer.

Thiele, R. (2015b). *Reflektierender Faraday-Effekt-Stromsensor*. Wiesbaden: Springer.

Thiele, R. (2015c). *Design eines Faraday-Effekt-Stromsensors*. Wiesbaden: Springer.

Thiele, R. (2015d). *Test eines Faraday-Effekt-Stromsensors*. Wiesbaden: Springer.

Thiele, R. (2017a). *Stromsensor mit zirkularem Polarisator und Regelkreis*. Wiesbaden: Springer.

Thiele, R. (2017b). *Effiziente Faraday-Effekt-Stromsensoren*. Wiesbaden: Springer.

R. Thiele, *Partielle Riccati-Differenzialgleichungen,* essentials,
https://doi.org/10.1007/978-3-658-24020-2